动物狂想曲

U0185049

# 动物的
# 机智生活
①

[日]一日一种◎著　蒋奇武　李文欢◎译

北京日报出版社

# 目录

# 日本虎凤蝶

濒危物种

鳞翅目　凤蝶科

日本虎凤蝶的一年四季：

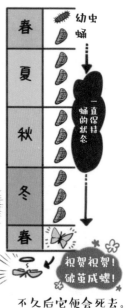

祝贺祝贺！
破茧成蝶！

不久后它便会死去。

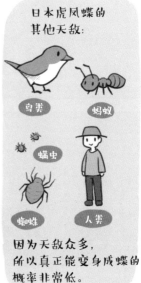

# 猪牙花

百合科　猪牙花属

猪牙花的一年四季：

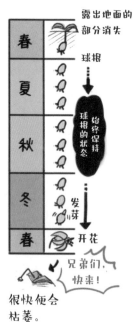

# 熊蜂

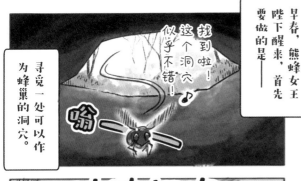

早春，熊蜂女王陛下醒来，首先要做的是——

寻觅一处可以作为蜂巢的洞穴。

找到啦！这个洞穴似乎不错！♪

嗡

## 狭路相逢

膜翅目 蜜蜂科

通过收缩胸部的肌肉，熊蜂即使在寒冷的早春也能够出来活动，

干吗呀你！这是我的家！

应该是我的家！

是我先发现的！

为早春开放的花朵传播花粉。

明明是我的家啊……

经常占用老鼠的洞穴。

还在住着呢。

# 山樱

蔷薇科 樱属

日本山樱是生长在山地里的代表性樱花品种。

与每一株都像是一个模子刻出来的染井吉野樱不同，日本的山樱每株的开花时间都有稍许差异，个性非常鲜明。

几天后。

# 日本细辛

马兜铃科　细辛属

长着向日葵一样的叶子，
即使在冬天也绿油油的，
因此在日本被称为"寒葵"。
它是日本虎凤蝶
等昆虫的食物。

花 贴着地面开放。

## 寻访春日短命生物

　　春日短命生物（spring ephemeral）指的是"在春天昙花一现"的生物。它们在春天出现，很快生长繁殖，很快枯萎，只有留在地下的根茎在慢慢等待下一个春天的到来。像日本虎凤蝶这种只在早春破茧成蝶的昆虫有时也被称为春日短命生物。

　　在日本关东地区，2—3月是观赏大多数春日短命生物的最佳时期。虽然这时天气还有些寒冷，但来到野外探春，早一点又有何妨呢？欣赏它们在万物萧索的树林里悄然绽放的风姿，可从中感受生命的顽强与美好。

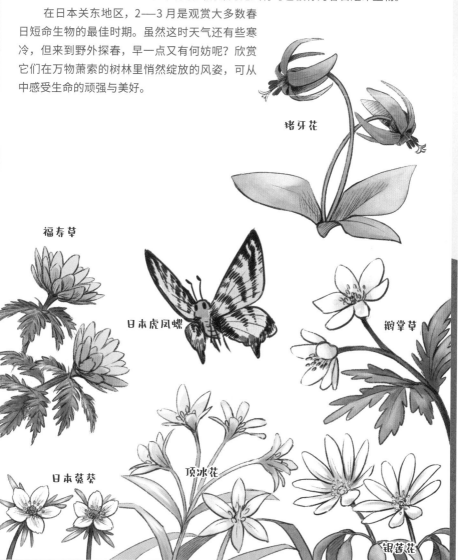

堵牙花

福寿草

日本虎凤蝶

鹅掌草

日本荙葵

顶冰花

银莲花

# 梅花树上黄莺鸟

**意思**

比喻两种搭配得十分恰当的事物。

虽然『梅花树上黄莺鸟』这句话常被认为是『梅花树配绣眼鸟』的误称，

但实际上，到了春天，黄莺鸟是会飞到梅花树上鸣叫的。

# 聚集在樱花树上的鸟儿们

一阵大风刮过……

除此之外，樱花还会吸引来许多其他鸟类。

因此，在赏花的同时，顺便看一看这些鸟儿也很有意思哦。

啊一太好了！

总算找到一棵还在开花的樱花树！

远东山雀

小星头啄木鸟

灰椋鸟

让我们踏上赏花寻鸟之旅吧！

# 红腹灰雀

听起来像真的名字……

雀形目　燕雀科

呼呼呼呼

由于叫声像吹口哨而得名。

※ 吹口哨。说谎的时候，日本人习惯用吹口哨来掩饰。

※ 日语中红腹灰雀的发音是"u-so"【乌搜】，与"谎话，假的"的发音相同。

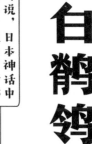

# 白鹡鸰

雀形目　鹡鸰科

常见的 2 种鹡鸰
（雄鸟　夏羽）

白鹡鸰
从平原到山地
分布广泛。

日本鹡鸰
主要栖息在河川的
中上游。

鹡 (jí) 鸰 (líng)

# 柳莺

说到柳莺的叫声……

然而……实际上不光是这种叫声。

多叫了一声 好像长了一点！

少叫了一声 好像短了一点！

雀形目　柳莺科

除了正常的鸣叫外，还会发出其他各种叫声。

藏身竹丛时

几乎看不见身影

疑问句？ 声调怪怪的。

飞越山谷时

戒备时发出的叫声

也许是因为正在练习，抑或是个体差异。

# 白腹蓝鹟

背部呈深蓝色。

是白腹蓝鹟！

※另外两种是黄莺和知更鸟。

雀形目　鹟科

常见于溪流附近，是叫声、姿态都非常优美的一种鸟儿。

叫声比较复杂，能够模仿其他鸟儿的叫声，吸引它们前来。

由于啼声优美而成为『日本三大鸣鸟』※之一。

是嘛。

那咱们等一会儿听听它的叫声吧！

咔，咔！

咔，咔，咔！

并没有想象中的好听啊！

噌噌

嘿嘿，那是威吓你们的声音……

是啊……

那个乐谱……不许随便使用！

作曲

白腹蓝鹟（wēng）

# 鸟鸣的"顺口溜"记忆法

　　鸟类的叫声非常复杂，记忆起来相当困难。这个时候可以用"顺口溜"来记忆。把鸟的叫声音译成便于记忆的"顺口溜"。编一个方便好记的顺口溜，也很有趣哦。

燕子

刨土吃，捉虫吃，嘴里苦涩 [1]……

冕柳莺

烧酒一杯，干了 [2]！

紫寿带鸟

日月星，笑呵呵 [3]！

远东山雀

teacher teacher [4]...

灰胸竹鸡

来一下，来一下，来一下 [5]……

1 日语中"苦涩"的发音为"shibui"【洗布衣】，与燕子的叫声类似。
2 日语中"干了"的发音是"kui"【估衣】，与冕柳莺的叫声类似。
3 日语中"笑呵呵"的发音是"hoihoi"【好意好意】，与紫寿带鸟的叫声类似。
4 日本人将"teacher"念成【texiichaa】，与远东山雀的叫声类似。
5 日语中"来一下"的发音为"chottokoi"【敲涛靠依】，与灰胸竹鸡的叫声类似。

# 斑嘴鸭

据说斑嘴鸭是在『轻池』这个地方被发现的，所以在日本被称为『轻鸭』。

哎—

我还以为……是因为体重轻才叫『轻鸭』的呢。

说起来……

幸好『轻池』不是什么奇怪的地名，否则……

雁形目　鸭科

在鸭科当中，轻鸭是唯一一种日本全国一年四季都能见到的品种。

在中国，斑嘴鸭主要分布在长江中下游、东南沿海和台湾地区。

鼻毛池之类的……

**长野县夜池**

**新潟县鼻毛池**

夜池啊，

要是什么血池啊，

**富山县血池**

在轻池被发现算是幸运的了！

这么一说……

轻池

也就是说，能够观察到它们养育后代的样子！

鼻毛池的红叶非常美丽！

# 雨蛙

> 嘿嘿嘿……
> 告诉你一个重要的消息！
>
> **隆重登场！**
>
> 我们雨蛙实际上……

无尾目　雨蛙科

> **是有毒※的！**
>
> 毒素一旦进入眼睛或嘴里……
>
> 那可不得了！

大多栖息在湿度高的地方……

> 哎？等等，等等，等等，在听我说话吗？
>
> 虽然毒性不是很强烈。
>
> 但是千万别吃我啊！
>
> 我是在为您的身体着想啊！

依靠皮肤表面的毒素来保护身体不受细菌的侵害。

> **可恶**

※ 虽然毒性微弱，但是接触之后最好还是洗手消毒！

# 田子蛙

爬山的时候，石缝中传来奇怪的叫声······

呱呱呱

好像就藏在这里面！

有了，学它的叫声或许能把它引出来。

呱呱呱

无尾目　赤蛙科

呱呱呱呱呱呱呱呱呱呱呱呱呱呱

只闻其声，不见其影。

呱 呱 呱 呱 呱 呱 呱 呱 呱

咦？它怎么不叫了？

人类在搞什么呀！······

虽然是普通的品种，但想见上一面也不容易。

# 沼蛙

无尾目　沼蛙科

一个声囊
日本雨蛙
粗皮蛙
等等

两个声囊（心形）
河鹿蛙
沼蛙
等等

两个声囊（一边一个）
山赤蛙
黑斑蛙
等等

# 牛蛙

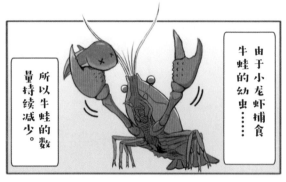

由于小龙虾捕食牛蛙的幼虫……

所以牛蛙的数量持续减少。

由于成年牛蛙捕食小龙虾……

所以小龙虾的数量减少。

无尾目 蛙科

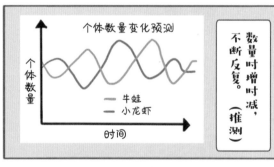

数量时增时减，不断反复。（推测）

个体数量变化预测

个体数量

时间

—— 牛蛙
—— 小龙虾

来自

作为食材，牛蛙被引进日本；作为牛蛙的食物，小龙虾同时被引进。

两者都是外来物种！

这就是所谓的生态系统……

大自然真是奇妙……

实际情况并非如此简单！

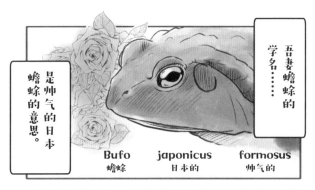

# 吾妻蟾蜍

五妻蟾蜍的学名……

是帅气的日本蟾蜍的意思。

Bufo 蟾蜍　japonicus 日本的　formosus 帅气的

无尾目　蟾蜍科

据说与欧洲的蟾蜍相比，吾妻蟾蜍身上的花纹更加清晰，因而得名。

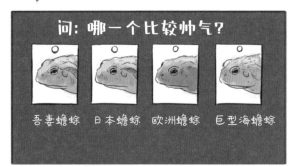

到底帅在哪里呢？

来验证一下吧！

问: 哪一个比较帅气？

吾妻蟾蜍　日本蟾蜍　欧洲蟾蜍　巨型海蟾蜍

原来如此，果然……

看不出来！

蟾 (chán) 蜍 (chú)

# 鸊鷉

鸊鷉目　鸊鷉科

据说，它由于既能划水也能潜水而得名。

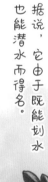

潜水捕食

鸊(pì)鷉(tī)

# 冠鱼狗

佛法僧目　翠鸟科

生活在山地的
溪流附近。

虽然与普通翠鸟是同类,
但体形是普通翠鸟的两倍。

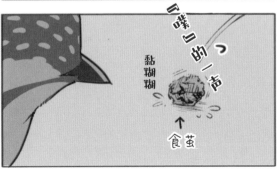

食茧是什么?
鸟类吐出来的
无法消化的东西。

# 普通翠鸟

佛法僧目 翠鸟科

由于其美丽的外表，它也被人们称为"水边的宝石"。

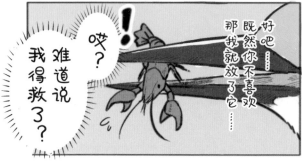

# 危害生态系统的外来物种

# 小龙虾

十足目 螯虾科

不知何时小龙虾出现了……

从前这儿明明有好多好吃的鱼儿。

水草没了，鱼儿也少了！

总之，大不如从前了……

才没有那么容易被捉住！

后退十分迅速

一点点

唉！

我还是将就着吃小龙虾吧……

嗯！没问题！我给你多捕一些！

个头不小，但是可食用的部分却少得可怜。

# Column

专栏

## 动物们恋爱的二三事

动物的恋爱技巧因物种而异。
春天可以观察到野生鸟类的求爱活动。

### 饵的诱惑

雄性通过献给对方食物来吸引雌性。

雌性通过考察雄性捕获的食物，来判断对方有没有养育后代的能力。

### 原鸽

原鸽会鼓起脖子周围的羽毛靠近雌性。
轻啄对方或者为对方整理羽毛。

### 蜥蜴

日本蜥蜴以及日本草蜥求爱时，雄性通常会咬住雌性不松口。

### 巴西彩龟

雄性在雌性面前不断挥动双手。
即使像一记耳光打到脸上，雌性也不会介意。

### 蝴蝶双飞

雄性飞在前面，或者不断地追逐雌性。
当然有时只是两只雌性在争夺地盘。

夏 Summer

# 大杜鹃

加油

卡考

鹃形目 杜鹃科

伺机在其他鸟巢中
产卵的姿势：
↓

也被称为
"香蕉姿势"！

虹膜是黄色的

它的英文名叫作"cuckoo"，
叫声在欧美人听来也似乎是"卡考"。

# 小杜鹃

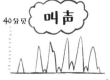

40分贝

叫声

鹃形目 杜鹃科

to-kyo-kyo-ka-kyo※-ku
【涛-ki哟-ki哟-卡-ki哟-库】
（绕口令：意思是"特许许可局"）
可以这样来记忆。

比起大杜鹃，小杜鹃胸部的竖纹比较粗。

虹膜颜色比较暗。

名为小杜鹃的植物，名字的由来是：花瓣上长着像小杜鹃鸟一样的斑点。

※大杜鹃的日文发音是『卡考』。

家康大人！
大杜鹃的叫声听起来像『卡考』所以被称为『卡考』

原来如此！因为叫声像『卡考』所以才被称为『卡考』※啊。

※『嚎涛涛吉斯』是小杜鹃的日文发音。

那么小杜鹃的叫声就是『嚎涛涛吉斯』※喽。

啊？

……

非，非要这么理解的话。

※小杜鹃的日文中有一个促音停顿，这里用『』表示。

应该是…嚎，涛涛吉斯吧♪※

嚎，涛涛吉斯！

※Kyo是日文拗音。发音时将"ki"和"哟"快速连读即可。

# 中杜鹃

源自日本家喻户晓的传说。有人问："杜鹃不鸣，当如何？"织田信长答："杀之。"丰臣秀吉答："逗其鸣。"德川家康答："待其鸣。"这三个人都是日本战国时代响当当的人物，不同的处世态度体现了他们不同的性格，也决定了他们不同的命运。

# 北鹰鹃

鹃形目　杜鹃科

北鹰鹃的英文学名"Hierococcyx fugax"中的"fugax"就是"胆小"的意思。日语中数字11的发音为"jyuu-ichi"【啾一喊】，与北鹰鹃的叫声相似，因此日语中称其为"十一鸟"。

## 生物们的托孵卵

杜鹃类的鸟儿以托孵卵而闻名。

所谓的托孵卵，指的是在其他鸟类的巢中产卵，由其他鸟类代为孵化和育雏的一种行为。
育雏是一种既危险又辛苦的工作。把这项工作全部委托给其他鸟类，从而解放自身，杜鹃
就是以此为谋略不断进化的生物。

① 在巢中产卵。

※ 为了保持数量一致，
有时会把鸟巢主人生的卵
推出巢外。

② 最早孵化出来的杜鹃幼鸟
也会把其他卵推出巢外。

③ 独占假亲鸟的饵料长大。

④ 对抗托孵卵！

被寄生的鸟通过"驱赶靠近巢穴的杜鹃""扔掉不是自己产的卵"
等措施来进行对抗。随着该地区杜鹃的年龄不断增长，再加上被寄
生的鸟类也在不断积累经验，托孵卵行为则变得越来越困难。

# 蛇舅母

## （大四脚蛇）

哈？胡说八道。你看上去一点都不像蛇！

喂喂，打算跟我自相残杀吗？我也是蛇啊！

那当然了，我可不是普通的蛇！

我是金色的，所以名字叫作

**金蛇！**

呵呵。

蜥蜴目 蜥蜴科

虽然名字里有"蛇"字，
但实际上它是蜥蜴的一种。

长长的尾巴

干燥的皮肤

因为身体呈金黄色，
所以也叫作"金蛇"。
另外，还有一种说法是：
由于长得可爱而被称为
"爱蛇"。

蛇舅母的日文汉字是"金蛇"。
日语中"爱蛇"的发音与"金蛇"相同。

# 日本锦蛇

问题

这是什么蛇？

这是有毒的蛇还是没毒的蛇？猜猜看！

又错啦！

蝮蛇！

哪里可爱！错啦。

可爱的蛇！

嗯……

嗯？

日本锦蛇的……

正确答案是……

日本锦蛇的幼蛇

『右蛇』是什么？

幼蛇

年幼的……蛇？

幼……蛇？

日本锦蛇的幼蛇有些像蝮蛇。

有鳞目 游蛇科

体长 100~200 厘米，是从北海道到九州（日本由北向南）最大的蛇。

蝮蛇

特征是像铜钱一样的花纹。

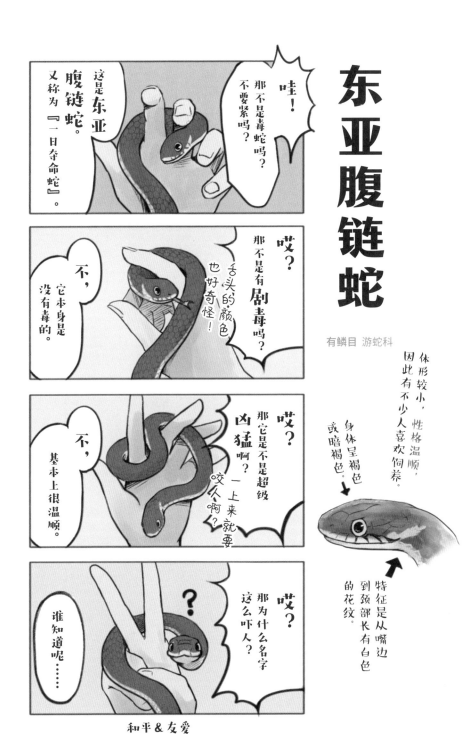

# 东亚腹链蛇

有鳞目 游蛇科

体形较小，性格温顺，因此有不少人喜欢饲养。

身体呈褐色或暗褐色。

特征是从嘴边到颈部长有白色的花纹。

**第一格：**
哇！
那不是毒蛇吗？不要紧吗？

这是东亚腹链蛇。又称为『一日夺命蛇』。

**第二格：**
哎？那不是有剧毒吗？

舌头的颜色也好奇怪！

不，它本身是没有毒的。

**第三格：**
哎？那它是不是超级凶猛啊！一上来就要咬人啊！？

不，基本上很温顺。

**第四格：**
哎？那为什么名字这么吓人？

谁知道呢……

和平＆友爱

日语中"东亚腹链蛇"的发音为"hibakari"［嘿巴卡里］，意思是只有一天（寿命）。

# 朴喙蝶

鳞翅目　喙蝶科

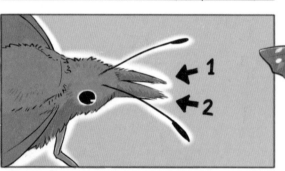

那像天狗一样的长鼻子，实际上是一种叫作下唇髭的胡须。下唇髭的顶端有感觉系统，具有嗅觉功能。

朴喙（huì）蝶

# 浅翅凤蛾

老师！提到一只蝴蝶！

嗯，看得出来你喜欢『蝶』，不喜欢『蛾』啊。

因为『蛾』很恶心啊……

你提的实际上是一种叫作浅翅凤蛾的『蛾』哦。

"蛾子"
容易惹人厌烦

老师希望你也能喜欢上『蛾』。

鳞翅目 凤蛾科

……

跟有毒的蝴蝶（麝凤蝶）长得一模一样！

吃了我会坏肚子哦！（开玩笑啦）

蝴蝶……明明是蝴蝶嘛。

呃……是蝴蝶！嗯！就是蝴蝶，我就喜欢蝴蝶！

# 柑橘凤蝶

（也被称为凤蝶）

鳞翅目　凤蝶科

幼虫以柑橘类植物的叶子为食。

伪装成鸟粪

低龄幼虫

成虫

凤蝶的蛹

唰啪

# 凤蝶姬蜂

激动不已

破茧成蝶

膜翅目 姬蜂科

因为存在鸟类、寄生蜂等众多天敌，据说毛毛虫能变成蝴蝶的概率不到百分之一。

嗨

寄生蜂可以抑制水田以及旱田里病虫害的发生，是一种益虫。

出什么事了？

你……怎么感觉你变得有些老成了啊！

# 熊蝉

半翅目　蝉科

特征：
- 体形大
- 叫声响亮

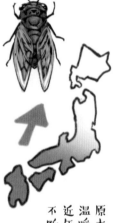

原本只栖息在温暖的地区，近年来在日本的分布区域不断扩大。

# 黄腹缘蝽象

啊 你头上有只虫子……

咿?

这只蝽象难道是……

黄腹缘蝽象!

散发出清香的苹果般……

半翅目 缘蝽科

虫如其名,腹部是黄色的。

一定要闻一下!

等等!别动!

干、干什么呀你?

我就闻一下而已!

蝽象一旦感知到危险,就会从腹根处散发恶臭。不同种类散发的味道也不一样,

**重点**

很多蝽象其实是不臭的!

啊 说的什么苹果味

围观……

鼎异色灰蜻

蜻蜓目　蜻科

后翅的根部是茶色的。

与白尾灰蜻相比，腹部粗一些。

城市里经常能见到它们。
（容易被误认成白尾灰蜻）

# 虎甲虫

鞘翅目 虎甲科

因为其色彩绚丽，所以被公认为是昆虫界的颜值担当。

一边一跳一跳地前行，一边用大眼睛寻找猎物。

# 红翅绿鸠

鸽形目　鸠鸽科

# 僧帽水母

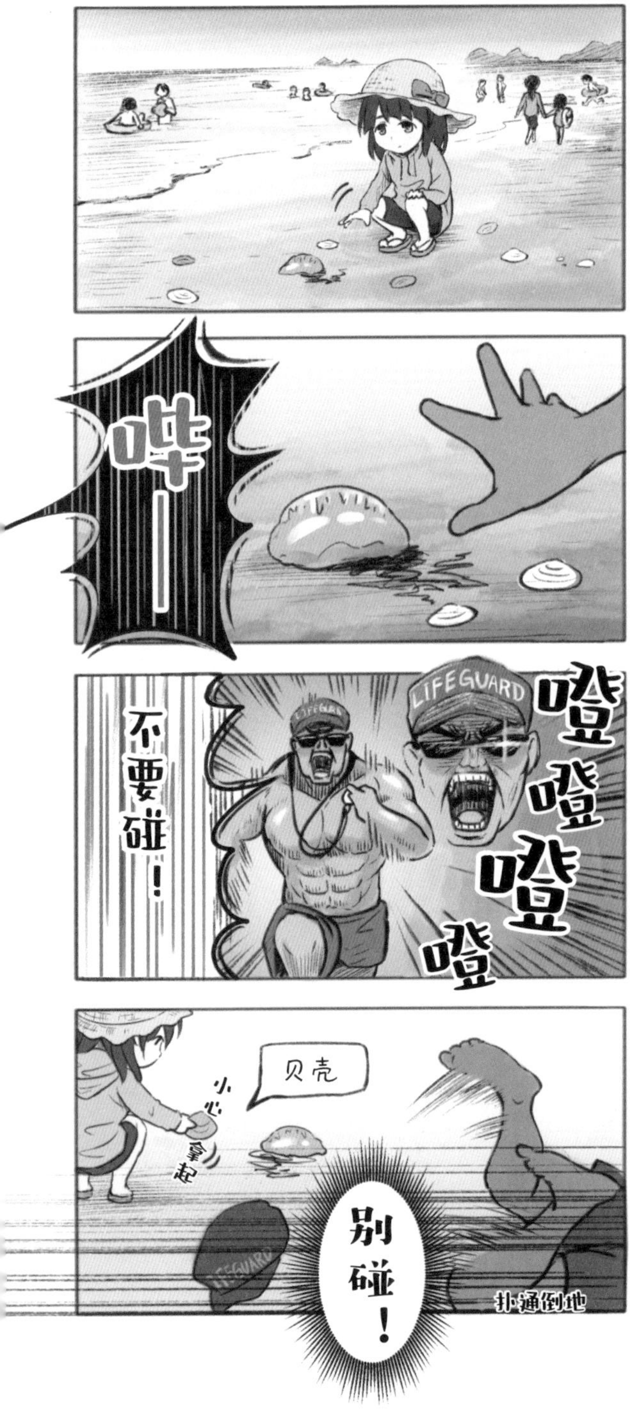


管水母目 僧帽水母科

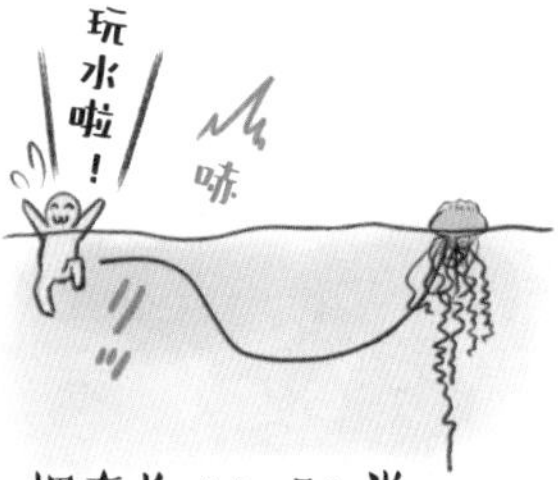


拥有长 10~50 米的触手。

看上去像塑料袋

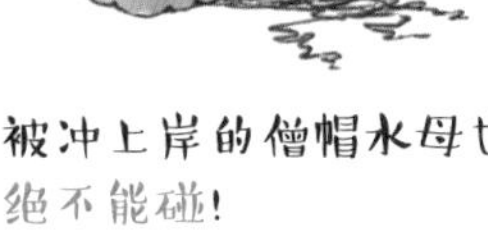

被冲上岸的僧帽水母也绝不能碰！

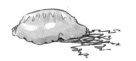

# 沙钱

工作手套

楯形目 孔盾海胆科

长得像夹心面包，所以沙钱被日本的渔民称为"透气夹心面包"。

为什么会有 5 个孔（透气孔）？据说是可以作为水流的出口之类的。

水流

不会翻转过来

# 寄居蟹

十足目　寄居蟹科

**寄居蟹的真面目**

左右钳子的大小因品种不同而有所差异。

有时候也会寄居在塑料瓶盖等人工制品里。

# 蝾螺

钟螺目 蝾螺科

外壳光滑的蝾螺
会随着海浪而四处漂流。

外壳上有尖刺的蝾螺
则在适宜的地方定居。
（不会随波漂流）

个头小的蝾螺
被称为"姬蝾螺"。

蝾（róng）螺

锵！

哎呀！其实手套不用还的……

# 条纹鬘螺

异足目 唐冠螺科

谢谢你，记得再来哦！

这是给我的吗？

突然爬出来

因为竖条纹很漂亮，
又容易捡到，
所以它是赶海时的人气贝壳。

鬘（mán）螺

# Column

## 生物观察入门【海边篇】

暑假来啦！去海边的话可不要光顾着洗海水浴哦！海滩是生物的宝库。这里给大家介绍下简单的赶海和礁石游的方法。

### 赶海

"赶海"一词日文的原意是用梳子"梳理"头发。这里指的是像梳头发一样耐心地收集海边的漂流物。

不同的季节，能捡到的东西也不一样。许多人选择在夏天去海边游玩，其实冬天也能拾到漂亮的贝壳，因此也推荐大家冬天去海边。

紫海胆壳

红唇抱蛤

海玻璃等

樱蛤

由于海边日照强烈，最好戴上帽子。可以用塑料袋装东西，但如果是易碎的物品，最好包裹好之后再放进去。

注意

沙滩上也可能会碰到水母，踩到碎玻璃片、吊钩等危险物品。因此，小心为上。

用沙滩上拾到的贝壳来做手工艺品的话也很有意思，可以用来制作暑期手工或开展自由研究。

**礁石游**

海水洼（tide pool）是退潮后海水在岸边礁石上留下的水洼。位于潮间带，陆海相交地带的海水洼具有丰富的生物多样性。礁石游不适合穿容易脱脚的沙滩拖鞋，须准备好工作手套以及防滑鞋，最好是穿旧的运动鞋或登山鞋。

※ 戴上工作手套可以提高安全性，但由于不是皮肤直接接触，所以可能会伤害到生物，也要小心谨慎。

龟足

章鱼

青高海牛

楯海胆

海

海水洼

踩在湿漉漉的岩石上非常容易滑倒，
为安全起见，准备好防滑鞋和工作手套。

吱吱

冒烟

把我放回去呀！

被翻过来的石头

石头的背面也藏着许多小生物。
翻过来之后记得复原哦。

观察完礁石上的生物之后，
记得要全部放生哦。

# 鹬

鹬蚌相争，渔翁得利

意思是说双方争执不下，结果两败俱伤，反而让第三方占了便宜。

鹬VS蚌

鹬蚌相争

这样下去的话只能一起饿死了。
我数一二，咱俩同时松开啊……
好吧，可以数了。

一……二！

鸻形目 鹬科

我会松口的，你别吃我啊！千万别吃我啊！

请开始你的表演……

鹬的小伙伴们大多是茶色的。

你还好意思说！已经第十回了！
又来了！赶紧松开啊！

鹬（yù）

# 蚌

双壳纲 珠蚌科

蚌等海洋贝类吐沙，
一般需要用海水。
（用淡水可能会丧命）

# 白纹伊蚊

双翅目　蚊科

后背上有明显的白条纹，
这正是它名字的由来。

蚊子吸血是为了产卵，
平时则以花蜜为食。

# 野猪

偶蹄目 猪科

野猪幼崽长得像瓜
（甜瓜）一样，
所以叫"瓜崽"。

长到4个月左右，
身上的花纹就消失了。

# 黄鹡鸰

雀形目 鹡鸰科

尾巴总是
摆来摆去。

与白鹡鸰和日本鹡鸰相比，
黄鹡鸰大多栖息在河流的上
（冬天在河流中游等处
也能见到它们）

河乌通常在瀑布的后面筑巢。

哔——

孩子们，离巢的时候到了。

# 河乌

好害怕啊，太高了吧？

哔

没事的！

外面有个超级棒的踏脚石。

雀形目　河乌科

栖息在河川的上游，

穿过瀑布

呀！

叽叽

如果听到这种叫声，不妨在流域附近找找看。

哔哔哔

喂！

啾啾

啾啾

你们这些家伙要干吗？

# 鸳鸯

雁形目 鸭科

长着被称为"银杏羽"的特殊形状的羽毛。

雄性鸳鸯到了繁殖期就会换上这样一身华丽的羽毛。

最后总算是平安着陆了。

# 日本大黄蜂

膜翅目　胡蜂科

咔嗒

咔嗒

饱嗝

？！

居然爱甜食？

明明是食肉动物！

蜂如其名，全身呈现明显的黄色。

它是近年来成功适应城市生活的一种胡峰。

# 大黄蜂

膜翅目　胡蜂科

成虫喜欢吃甜的东西。
（幼虫主要以肉丸子为食）

※再次被蜇时容易发生的重度急性过敏反应（参照71页）

所以特别害怕过敏性休克※。

小时候的我，被胡蜂蜇过，

阿隆！你没事吧？

锻炼身体！

锻炼！

拼命锻炼！

于是练就了……

刀枪不入的金刚之身！

嘶

尽管放马过来！

嘣

扑哧

头部最容易被蜇，需要特别注意！

# 小黄蜂

膜翅目　胡蜂科

听说小黄蜂喜欢攻击黑色的东西……

隆重登场

头发、眉毛都剃掉了

这次终于无懈可击了！

小黄蜂，来啦！

小黄蜂的种类也全都搞清了。

嘿嘿

没事的，站在原地别动！

这种小黄蜂很老实的。

城市里常见的小黄蜂，只要不去刺激它们，它们还是很老实的。

最初的蜂巢是酒壶形的。

由女王蜂开始建造。

？

因为小黄蜂会紧追不放。

突然跑起来很危险哟。

# 月夜菌

月夜菌与猴子爱吃的平菇长得很像。

闻一闻

这个……能不能吃啊？

哎呀！这个真好吃！

狼吞虎咽

妈妈在吃呢，应该没事吧？

伞菌目　侧耳科

姐姐也在吃呢……

哥哥也在吃呢！

大口大口狼吞虎咽

大口大口

晚上会发出美丽的光芒，所以被称为"月夜菌"。（但光芒非常微弱）

虽然味道鲜美，但它是毒蘑菇。

# 毒蝇伞

伞菌目　鹅膏菌科

在杂木林中广泛生长的毒蘑菇。

单棵所含的毒性虽然不会致死，但如果误食，还是很危险的。

# 平盖灵芝

平盖灵芝，俗称『猴儿座』，其种类在日本已知的有三百多种。

大多生长在树干上，呈半月形。

这就是『平盖灵芝』啊……

你坐上去试试！

坐这个？

啊？

多孔菌目 灵芝科

大的平盖灵芝其厚度和硬度足以供人靠坐。

大多没有普通蘑菇那样的菌柄。

屁股会疼……

怎么样？

喂，什么感觉？

# 鳞柄白鹅膏

好像该我出场了⋯⋯

这个蘑菇能吃吗？

我也不确定⋯⋯

闻一闻

隆重登场

传说中尝遍无数毒蘑菇⋯⋯

啊！你就是⋯⋯

拥有不死之身的不死猿！！

一口？

这个蘑菇？

伞菌目　鹅膏菌科

英文名：
Destroying Angel
（毁灭天使）

好吃

蘑菇⋯⋯

好可怕的蘑菇⋯⋯

鳞柄白鹅膏的可怕之处：
·随处可见
·毒性异常强烈
·味道鲜美

绝对不能吃！

068

# 火焰茸

肉座菌目　肉座菌科

即使只是碰到了
表面的汁液，
也是很危险的。

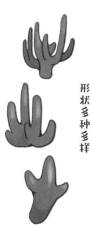

形状多种多样

像火焰一样的外表是其
名字的由来。

# Column

## 生物观察入门【里山※篇】

里山附近，一年四季都能够观察到各种生物。
在寻找生物的过程中要当心蜜蜂等危险生物。

帽子 →

长袖
长裤 →

背双肩包
能够解放双手

方便走路的鞋子

**去山中活动时的基本着装**

减少皮肤的裸露能够有效抑制漆树类
引发的过敏以及擦伤，防止蚊虫叮咬。
话虽如此，实际上大家都因为炎热而
穿短袖活动。

**发现生物的小技巧**

如果只顾欣赏风景，则是很难发现生物的。能够发现各种生物的人并不是
因为其视力有多好，而是得益于他在寻找之前的深入思考。反复去野外
实践，自然就能掌握探寻的方法。

石头及树木
下面

树叶背面

树顶

盛开的花朵

※ 里山是指距离人类活动的地方比较近的山林。

**需要当心的生物**

下面这些生物，只要我们不主动去接近、刺激它们，就不会有危险。真正的危险大多发生在刚刚相遇的时候。需要从一开始就做好"可能会遇到危险生物"的心理准备，然后冷静应对。这种想法不仅能够保护自己，也是对野生动物的一种关照。

日本红螯蛛的巢穴

茶毛虫的幼虫

胡峰

蝮蛇

黄刺蛾的幼虫

被蜜蜂第二次蜇到的话，后果很严重

**过敏性休克**

**过敏性休克的症状**

·呼吸困难
·意识障碍
·痉挛
·面色苍白
等等

呼哧

呼哧　呼哧

※IgE，过敏性抗体。在被蜜蜂蜇过的人中，有的人第一次就会出现休克症状。

① 被蜜蜂蜇到

② 体内产生抗体　IgE※抗体

③ 经过一段时间　再次被蜇

④ 抗体产生过度的免疫反应

**休克状态**

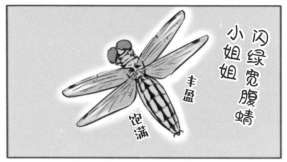

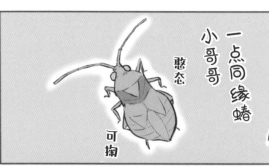

螳螂目　螳螂科

在所有螳螂中，腹部较为宽大，所以叫作广斧螳螂。

# 尖头蚱蜢

直翅目 蝗科

中华蚱蜢（雌性）
体长 8~9 厘米

尖头蚱蜢（雌性）
体长约 4 厘米

↑
尖头蚱蜢的后腿
是收起来的。

虽然长得很像中华蚱蜢，但是从大小上来说，其实差别很大。

# 动物们的万圣节

咱们来做南瓜灯吧！

大斑啄木鸟

灰头绿啄木鸟

南瓜灯吗？那我负责挖出眼睛！

看我的！

咚 咚 咚 咚 咚 咚

我啄，我啄，我啄，我啄！

咚 咚 咚 咚 咚 咚

嗯？怎么跟想象的不一样！

虽然这么说，但咱们……好歹是挖出了这么复杂的形状。

啊，这……

此穴出租

租金 10 颗橡子

# 白头鹎

雀形目 鹎科

在日本，
全年都可以看到它们的身影，
到了秋天成群结队地
进行长途迁徙。

大家一起来挑战
横穿海峡，
就不会害怕！

白头鹎（bēi）

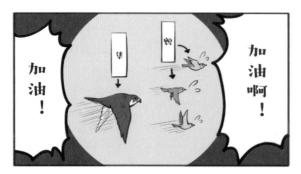

# 隼鸟

隼形目　隼科

隼喜欢在山崖上繁殖，
因此大多栖息在海岸上。
到了迁徙的季节，
隼经常捕食群飞的鹬。

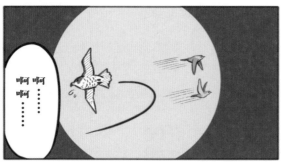

# 大绢斑蝶

鳞翅目 斑蝶亚科

虽然不太清楚，
为什么要飞
那么远的距离……

# 大雁

雁形目　鸭科

飞到日本的大雁有九成是到宫城县北部过冬。

出发啦，同志们！保持『Ｖ』字队形！

收到！

候鸟排成『Ｖ』字队形飞翔，

是为了利用两侧后方产生的气流旋涡。

好轻松嘞♪

气流的旋涡

气流的旋涡

换句话说，为了飞得更省力些。

喂！领队是不是该换岗啦？

听不见

听不见

喂！

其余的鸟都比较轻松，除了领队。

呼哧

呼哧

叫声异常高亢

嘎嘎

（日本）国家天然纪念物※

※ 天然纪念物是本身拥有突出独特的价值，又因其稀少且具备代表性的自然特质或文化意义的地理事物。包括动物植物、地形地貌、遗址遗迹，等等。

# Column

## 动物们的迁徙

秋天是观察鸟类迁徙的好时节。就拿候鸟来说，种类不同，迁徙的距离也不一样。有的只是从附近的山上飞下来而已，有的却要横穿海峡，进行数千千米的长途跋涉。

游隼（幼鸟）

凤头蜂鹰

大雁

与春天的单独迁徙相比，鸟类在秋天常常成群结队进行迁徙，因此容易被人类观察到。

灰纹鹟

北灰鹟

春天和秋天是迁徙的季节，在城市的公园里也能经常见到鸟儿们的身影。

秋赤蜻

大绢斑蝶

不光是鸟类，有的昆虫也会迁徙。

# 枫叶

槭树科　槭树属

虽然统称为枫树，
但种类各有不同。

伊吕波槭　　羽扇槭

一色木槭　　楮叶槭

毛果槭　　猬耳坂叶槭

大红叶枫　　三角枫

槭（qì）树

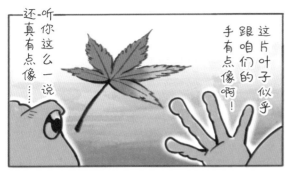

# 掌叶枫

槭树科 槭树属

因为形似"青蛙的手"，
（日语发音为 ka-e-ru-no-te），
所以枫叫作"ka-e-de"。

掌叶枫是其中的
代表性品种。

一瓣叶子对应一个日语的发音，
所以在日本也被称为
"伊吕波枫"。
※ 注意枫叶与红叶之间
没有严格的区分。

## 红叶的秘密以及各种树叶

树叶中含有一种叫作"叶绿素"的绿色物质，以及一种叫作"类胡萝卜素"的黄色物质。到了深秋，叶绿素首先被分解，从而生成叫作"花青素"的红色物质。因此，树叶就变红了。

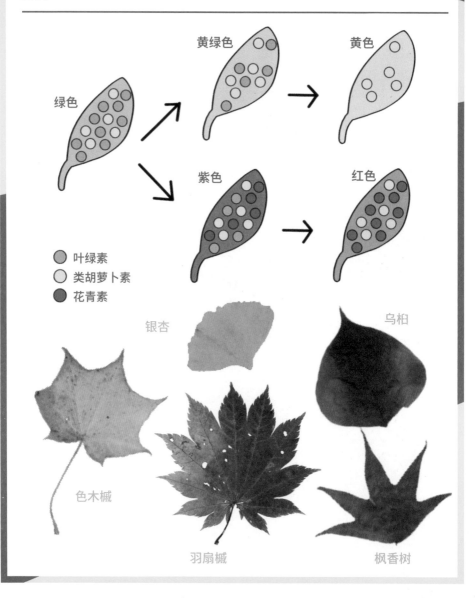

黄绿色

黄色

绿色

紫色

红色

○ 叶绿素
○ 类胡萝卜素
● 花青素

银杏

乌桕

色木槭

羽扇槭

枫香树

# 鱼鹰

鹰形目 鹗科

减少空气阻力的
"挂弹模式"。

昂首挺胸

从大分类上来说，
它属于鹰的一种，
但是一般不吃哺乳动物，
而是"鱼类杀手"。

# 戴菊

雀形目　戴菊科

名字的意思是
头上戴着像菊花一样
的冠羽。

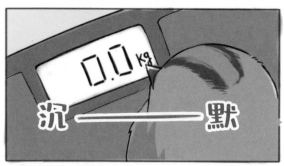

日本最小的鸟儿。

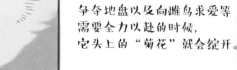

争夺地盘以及向雌鸟求爱等
需要全力以赴的时候，
它头上的"菊花"就会绽开。

# 北红尾鸲

雀形目 鹟科

是我们身边常见的冬候鸟。
（会在日本越冬）

认不出镜子里的自己……

领地意识很强！

# 日本松鼠

啮齿目 松鼠科

据说开核桃的方法，
要其他松鼠教才能学会。

牙齿沿着中缝
用力撬开！

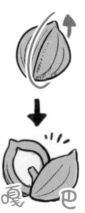

# 小嘴乌鸦

雀形目 鸦科

身边常见的乌鸦
主要有两种:

一种是喙比较大
的大嘴乌鸦;

另外一种是喙比较小
的小嘴乌鸦。

有些小嘴乌鸦会借助行驶的汽车压碎核桃。

# 花栗鼠

花栗鼠长有颊囊……

能一次性搬运太量的果实。

为冬眠做充足准备。

虾夷栗鼠

花栗鼠先生，你太厉害了不起了！

颊囊里装了多少橡子啊！？

啮齿目 松鼠科

生活在北海道，
一年当中将近一半的时间是
在冬眠中度过的。

……

扭头

## 冬眠的巢穴

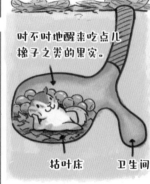

时不时地醒来吃点儿
橡子之类的果实。

枯叶床　　　卫生间

橡子的种类不同，大小也不一样，一般来说能装 6 颗左右。

# 虾夷栗鼠

喂！过冬的准备进行得怎样了？

哦！准备得可充足啦！

今天一天就在四个地方埋好了橡子！

四个地方？太强了！

啊哈！一是这棵倒下的树底下。二是那边的树根下面。

三是那边的岩石背面。

啮齿目 松鼠科

决定了！我要从今天开始锻炼！

咱们要是也有『颊囊』的话，是不是也能冬眠了呀？

日本松鼠以及虾夷栗鼠不冬眠！

哎，我想想……

哎呀！

# 短柄枹栎

第二年春天——

如果大家都只为自己考虑的话……

总有一天，森林的资源会枯竭！

这是为下一代撒下的种子！

这就是所谓的可持续发展！

壳斗科 栎属

橡子是老鼠、松鼠、熊等动物的重要食物来源。

叶柄很短

锯齿很大

说得好听……其实是忘了之前把种子埋在哪里了吧！

枹（bāo）栎

因所含的水分较多而得名。

# 亚洲黑熊

12月24日

哎呀！已经到了这个季节啦！又到冬天喽！

是时候冬眠啦……

完全闭合的潮湿的松球

呼呀呀

喂！

风干一下，松球就开了。

哎呀，帮了我大忙啦！

食肉目　熊科

栖息在（日本）本州以南的大型哺乳动物。

胸前有月牙形的白色花纹，所以也叫"月牙熊"。

这是"月牙"。

可不是内裤。

风干之后，松球会撑开。

# 红交嘴雀

雀形目 燕雀科

喙前端呈左右交叉状，
不同个体间形状各异。

种子可食用。

每一颗种鳞里面都有两粒种子。

# 日本冷杉

过冬的洞穴上面

在冷杉树上，跟朋友们举行圣诞派对！

主角光环

咦？这就是日本冷杉树啊！

叶子

伸手

触摸

你摸一摸就知道啦。

松科　冷杉属

叶子顶端分成 2 个尖刺，所以会扎手！

熊掌的肉垫

圆锥状的树形。另外，经常被作为圣诞树使用的，还有欧洲冷杉、欧洲云杉、日光冷杉等。

与日本冷杉相似的品种：

树枝呈绿色的

挂冠粗榧　　日本榧树

之后黑熊久久不能冬眠。

一摸就疼是日本冷杉的特征！

啊，疼得困意全无！

轻轻地碰一下，其实是不疼的！

榧 (fěi) 树

# 土蝗

我的名字是土蝗！蝗虫界的冬天由我来守护！以成虫的形态过冬……

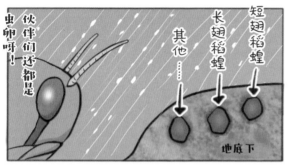

伙伴们还都是虫卵呀！短翅稻蝗 长翅稻蝗 其他…… 地底下

直翅目 蝗总科

（以下省略）天敌们也…… 螳螂 蜘蛛

特征是眼睛下面的黑线。
（俗称"泪线"）

可以不用冬眠。
因此，在温暖的冬日里也有
可能见到它。

风雪交加 从各种意义上说…… 勇者就是寂寞啊……

PS. 春天还很遥远。

# 麻雀

对于野鸟来说，冬天是一个很大的考验……

年幼的麻雀大多熬不过冬天。

好馋啊……

嚼一嚼……

这种草味道怪怪的……

肚子饿得咕咕叫

喂！你是第一次过冬啊……

嗯？

要不要我教你怎么找吃的啊？

?!

雀形目　雀科

麻雀与乌鸦、鸽子并列为最常见的鸟类。
但在人迹罕至的地方，反而不容易见到它们。

咱们当中是不是有一个回头看看比较好啊？

师父在上！请受弟子一拜——！

这还差不多！

# 桑尺蛾

哎？冬天也有吗？

那当然！

首先要记住：即便是冬天，也有很多虫子。

咻溜

鳞翅目 尺蛾科

比方说，这个看起来像是树枝，实际上却是虫子。

真的假的？

这是虫子？

太棒了！

是虫子？

是虫子！

这个颜色！这种质感！看上去就是树枝啊！

没错，但这是虫子！

幼虫附着在桑树上。

不管是幼虫还是成虫，都很像树枝！

嗯？不对，这个的确是树枝……

抱歉

肚子饿啦

# 伯劳

雀形目　伯劳科

喜欢把猎物穿在树枝上做成"风干肉"，因此出名。

风干肉

它擅长模仿其他鸟类的叫声，也叫作"百舌鸟"。

## 伯劳的"风干肉"

所谓"风干肉",指的是伯劳晾在树木或人造物的尖刺上风干的捕获物。

之前人们认为这一行为是为了贮存食物或者彰显领地,最近的研究表明,拥有更多"风干肉"的雄性伯劳冬季的营养状态良好,因此叫声也更动听,繁殖率也会更高。

晾在枳树尖刺上的金缘宽盾蝽的幼虫

晾在刺槐上的日本草蜥

晾在梨树枝上的黄胫小车蝗

晾在梨树枝上的毒蛾类的幼虫

晾在溲疏树上的蜈蚣

# 异色瓢虫

鞘翅目 瓢甲科

分泌一种叫作生物碱的苦涩液体

在树皮或者岩石的缝隙里过冬，花纹多种多样。

# 大紫蛱蝶

鳞翅目　蛱蝶科

日本的"国蝶"，幼虫在朴树根部过冬。

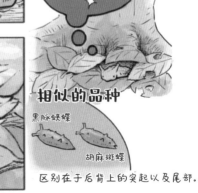

### 相似的品种

黑脉蛱蝶

胡麻斑蝶

区别在于后背上的突起以及尾部。

大紫蛱 (jiá) 蝶

# 蟾蜍

"当温度在冰点左右的时候，我会从冬眠中苏醒过来。"

干吗呀！把人家吵醒。

瞥一眼

土壤的温度……

还没有到最冷的时候啊。

对、对不起……

我找虫子来着……

虫子？

啊，这里的虫子早被我吃光了！

吞咽 吐舌 吞咽 吐舌 吞咽 吐舌

哎？

怎么会……

无尾目 蟾蜍科

……

我都快饿死了……

没办法，去别的地方找找吧！

只盖一层落叶？

这家伙的冬眠也真够敷衍的。

寒风呼呼

给我把被子盖回去啊……

## 过冬的昆虫

冬天见不到昆虫的影子。但是在落叶底下、树洞中、树皮以及岩石的缝隙里、树铭牌的背面等地方寻找的话，还是很容易就能发现它们的。

日本真螨

军配虫

异色瓢虫

树铭牌的背面是昆虫非常喜欢的藏身地点。
树皮以及树干的空洞里也别忘记瞅一眼。

黑脉蛱蝶幼虫
（在日本的关东属于外来物种）

南 北

胡麻斑蝶的幼虫常常藏在朴树的根部过冬。
因此可以从朴树的北侧寻找。
翻开落叶，就会发现各种各样的昆虫。

仔细观察树枝
也会有许多发现。

茶袋蛾

黄钩蛱蝶
以成虫的形态过冬的蝴蝶

伊锥同螨
心形斑纹标志

# 一富士 二鹰 三茄子

新年的第一个梦，梦见富士山最吉利，鹰次之，茄子也不错。

※ 这篇漫画由日本野鸟会之青年探鸟会连载，名字叫作《爸爸是鸟类观察家》。

登场人物

**爸爸**
酷爱观察鸟类，有点烦人。

**女儿**
时不时被爸爸这个鸟类爱好者忽悠。

# 朱砂根

（日语叫作『千两』）

这是草珊瑚。

过年的时候，摆出来图个吉利。

（日语叫作『万两』）

这是朱砂根

比草珊瑚结的果实更多，更吉利！

三盆加起来就都齐啦！

好彩头！

这是虎刺，别名叫作『一两』

买了！

等等！

走一走看一看啊！三盆五千日元啦！

紫金牛科 紫金牛属

万两的果实长在叶子的下面（千两的长在上面）

同一系列的还有十两（紫金牛）、百两（百两金），虽然常作为观赏树售卖，但在野外也能见到。

山核桃的叶痕

新年快乐 咩咩 羊年

# 山核桃（叶痕）

看上去像羊的脸！ 原来如此…… 

第二年…… 谨贺新年 吱吱☆ 猴年

胡桃科 山核桃属

观察山核桃的叶痕时，百问不厌的问题：这张脸看起来像什么？

喜欢生长在河岸等湿润的环境中，

咦？怎么感觉去年也曾见过似的…… 嗯？

叶子是奇数羽状复叶。

## 各种各样的叶痕

到了冬天，树叶脱落之后留下的痕迹叫作"叶痕"。

叶痕是维管束留下的痕迹，根据树种不同，看起来就像是人或动物的脸。

你身边的树木有着怎样的一张脸呢？

绣球

交让木
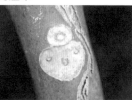

胡桃楸

黄蘗
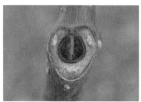

臭梧桐
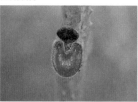

水胡桃

花椒树

白木乌桕

杨栌

刺槐

葛

无患子

黄蘗（bò）

# 日本猕猴

寒冷的天气，猴子们会挤成一团来取暖……

俗称『猴团子』

天气越冷，猴团子就越大。

借过借过

越靠近中心的猴子地位越高。

**灵长目　猴科**

在缺少食物的冬天，它也会吃山毛榉、金漆树、圆锥绣球等树木的冬芽和树皮。

偶尔团子内部也有纷争……

喂！谁叫你闯进来的！

干吗？想打架吗！

撕下树皮

你也撕，它也扯，有完没完啊！

寒风呼呼

发抖

琴瑟

冷风一吹，又抱成一团。

# 斑鸫

雀形目 鸫科

走一步停一下，
然后不断重复。
这种走路的姿态就像
"左右摇摆的不倒翁"。

※ 建议您在室内养猫。

斑鸫（dōng）

雀形目　鸫科
晚上会发出"咿"的空寂叫声。
这种声音会被误认为是妖怪"鵺"发出的。

※ 日本传说中的鵺是一种外形像多种动物杂糅的兽，它拥有猴子的相貌、狸的身躯、老虎的四肢与蛇的尾巴。

"血迹"斑斑

# 花粉 绣眼鸟与

啊啊啊啊

雀形目 绣眼鸟科

能够传播花粉的动物
不只是昆虫。
像绣眼鸟、鹎鸟等，
喜食花蜜的一部分鸟类
也在花粉的传播中发挥
着作用。

山茶花的
花粉。

木立芦荟

哎呀呀……

？

快去
自首！
现在还
来得及！

这是花粉……

你搞错了……

x

112

斑背潜鸭与凤头潜鸭

那一群是斑背潜鸭呀!

怎么都在睡觉啊……

雁形目　鸭科

凤头潜鸭
长着如睡乱的头发
一般的冠羽。

懒洋洋

斑背潜鸭
没有冠羽,
大多生活在海域。

那只都睡出了鸡窝头了!

笑死了!

你搞错了。那是另外一种鸭子……而且那个也不是鸡窝头……

113

# Column

## 生物观察入门
## 【冬季强推！鸟类观察篇】

冬天树叶凋落，是容易观察到野鸟的季节。平时在山地里繁殖的鸟儿们也会在冬季飞到平原，它们冬天会来到公园的水池边，在公园许多地方都能见到各种不同的种类。

因此，对于鸟类观察的初学者来说，冬天是最佳的观赏季节。

快到附近的公园里寻找野鸟的踪迹吧。

### 支架式望远镜

并非初学者必备，

但这种望远镜对于观察海滩上的鸟类

以及各种猛禽很有帮助。

### 双筒望远镜

推荐 8 倍数。

### 帽子

建议戴上不遮挡视野的遮阳帽。

### 背包

为了能够稳定操作双筒望远镜，建议背着行李，解放双手。

### 足具

建议穿跟脚的运动鞋或者登山鞋。

可以应对雨天以及湿滑的湿地的长靴也很方便。

# 观察小技巧

**1. 用肉眼认真观察**

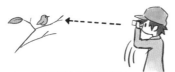

**2. 保持原有视线不动，用望远镜观察**

**3. 用屈光度调节环来调焦（保持视线不移动）**

**严禁用望远镜看太阳！**

**眼睛会被灼伤！**

**我的眼睛！**

因为会灼伤视网膜，
所以一眼都不能看。

# 准备双筒望远镜

**1. 挂好吊带**

虽然是老生常谈，但是实际上有不少小朋友因为没挂吊带而摔坏望远镜。
首先要把吊带挂在脖子上。

吊带太长的话容易磕碰。

**2. 调整间距**

聚焦成一个圆形。

**3. 调节屈光度**

①只用左眼看望远镜，对好焦距。
②只用右眼看望远镜，旋转右眼镜片上安装的屈光度调节环，对好右边的焦距。

# 日本菟葵

毛茛科　菟葵属

在立春前后开花。

※ 撒豆节是日本传统节日之一，撒豆仪式通常在立春前一天举办。大家在午夜之前，将炙烤过的大豆撒在房屋四周，口中默念"幸福来临，恶魔快走"。

菟（tú）葵

# 土鸽（原鸽）

准备出击！

我觉得来这里的话，肯定能吃到豆子。不愧是鸟界首屈一指的豆子专家！

○×某某幼儿园

撒了好多啦辟里哇地啊！

恶魔快走！

太棒了！太棒了！

吧嗒吧嗒

鸽形目　鸠鸽科

作为家禽的原鸽再次野生化
→就变成了"土鸽"。

不是说要『爱护鸽子』吗？

这里写的是什么呀？

温馨提示

请不要给鸽子喂食！

赶紧收拾了，别引来鸽子什么的

要是被邻居投诉，就麻烦了！

117

烟管螺　　　　　　　小龙虾的钳子……

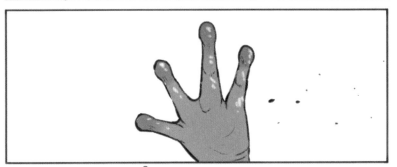